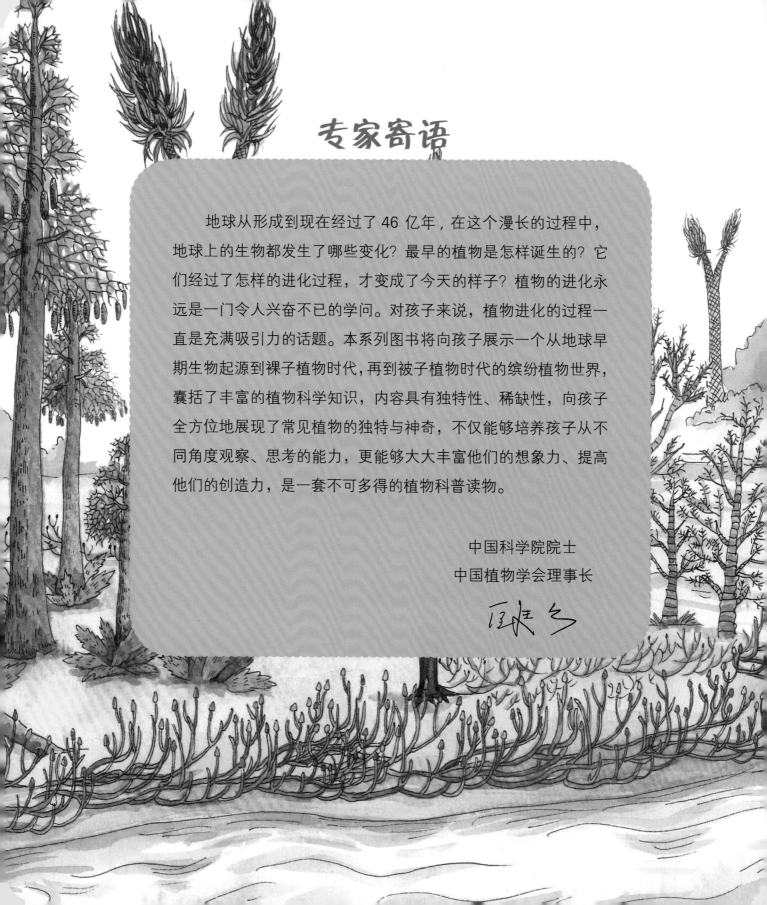

专家寄语

　　地球从形成到现在经过了 46 亿年，在这个漫长的过程中，地球上的生物都发生了哪些变化？最早的植物是怎样诞生的？它们经过了怎样的进化过程，才变成了今天的样子？植物的进化永远是一门令人兴奋不已的学问。对孩子来说，植物进化的过程一直是充满吸引力的话题。本系列图书将向孩子展示一个从地球早期生物起源到裸子植物时代，再到被子植物时代的缤纷植物世界，囊括了丰富的植物科学知识，内容具有独特性、稀缺性，向孩子全方位地展现了常见植物的独特与神奇，不仅能够培养孩子从不同角度观察、思考的能力，更能够大大丰富他们的想象力、提高他们的创造力，是一套不可多得的植物科普读物。

中国科学院院士

中国植物学会理事长

植物进化史

古老的
苔藓与蕨类

匡廷云 郭红卫 ◎编
吕忠平 谢清霞 ◎绘

吉林出版集团股份有限公司 | 全国百佳图书出版单位

地质年代与生物演化阶段表

约 46 亿年前

泥盆纪

4 亿 1000 万年前

志留纪

4 亿 4300 万年前

奥陶纪

4 亿 9000 万年前

寒武纪

震旦纪

6 亿 8000 万年前

5 亿 4300 万年前

150 亿年前，宇宙诞生了，地球作为宇宙中的一颗行星，起源于约 46 亿年以前的原始太阳星云。从地球诞生到地球生命的出现，这期间经历了几十亿年的大演变。

石炭纪

3 亿 5400 万年前

2 亿 9000 万年前

二叠纪

2 亿 4800 万年前

三叠纪

2 亿 600 万年前

侏罗纪

1 亿 3700 万年前

在 258 万年前的第四纪，地球生物界的面貌已接近于近现代。哺乳动物的进化相当惊人，人类的出现也成为第四纪最重要的标志。

第四纪

258 万年前

新近纪

2330 万年前

古近纪

6500 万年前

白垩纪

目　录

3

地球的陆地上最初并没有土壤，只有连绵不绝的岩石。岩石表面不断遭受日晒、雨淋、冰冻，久而久之出现许多裂缝直到崩塌，碎石松散地堆积起来形成了地球上最初的泥土。当苔藓植物出现的时候，正是这层又薄又没有太多养分的泥土，让它们的假根有了可以生长的地方。苔藓植物和地衣的分泌物都会腐蚀岩石，让泥土更容易形成。后来，一些小虫也从水中登上陆地，在苔藓植物下面的泥土中安了家。

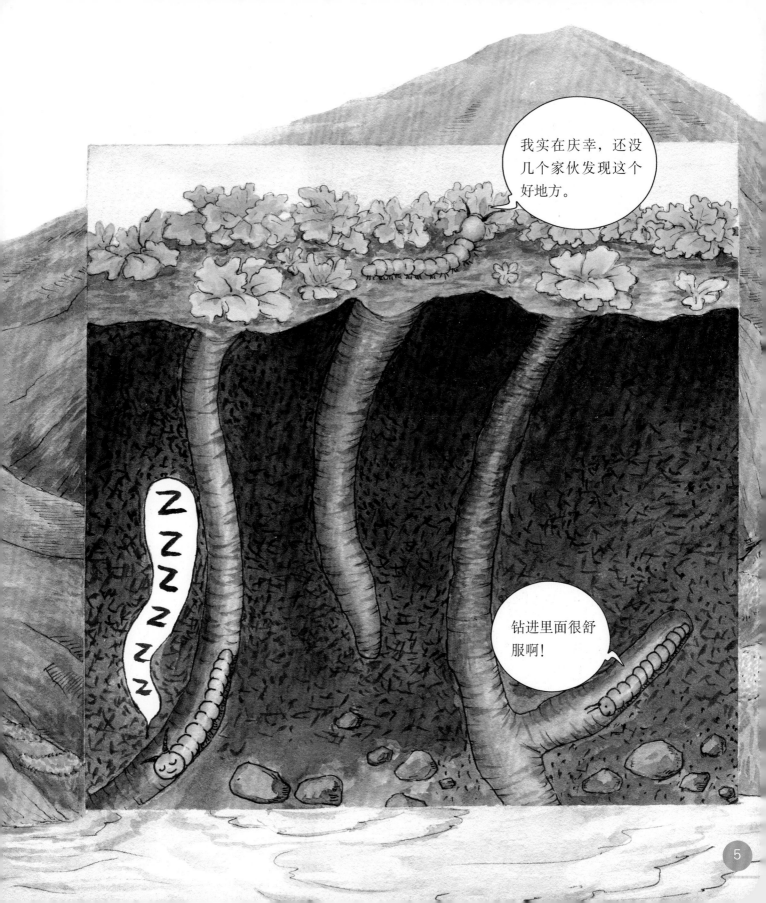

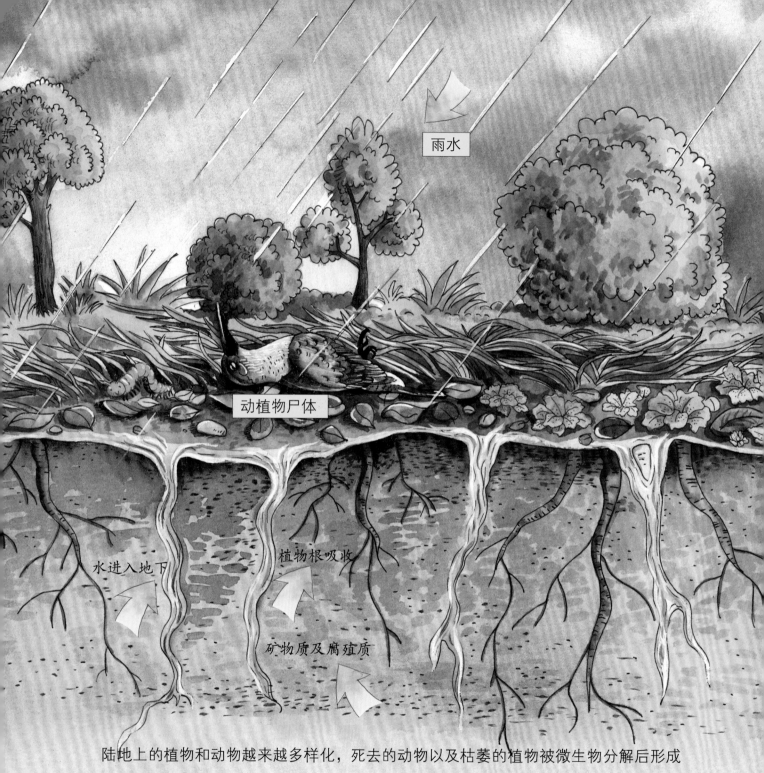

雨水

动植物尸体

水进入地下

植物根吸收

矿物质及腐殖质

　　陆地上的植物和动物越来越多样化，死去的动物以及枯萎的植物被微生物分解后形成一种富含营养的混合物，它成为土壤的一部分并且改变了土壤的特性，也就是腐殖质。黑褐色的腐殖质在土壤中缓慢释放出各种供给植物吸收的营养，也是一些生物的美味大餐。

在腐殖质的帮助下，微小的土粒会凝聚成一颗颗微团粒，这样土壤中充满了孔隙，能通气、调节温度和保持水分，让植物的根部健康生长。

土壤微团粒结构图

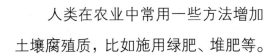

单个土粒

有结构土壤的表土结构图

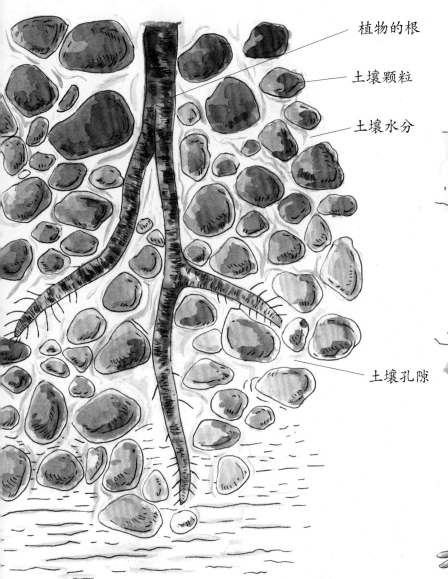

植物的根

土壤颗粒

土壤水分

土壤孔隙

人类在农业中常用一些方法增加土壤腐殖质，比如施用绿肥、堆肥等。

堆肥虽然很臭，但是含有大量腐殖质。

7

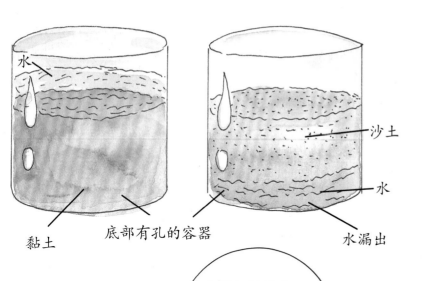

水

沙土

水

水漏出

黏土

底部有孔的容器

数亿年前，大量苔藓枯萎后化为厚厚的腐殖质，岩石上覆盖的沙土变得很肥沃。有一些动物也对土壤进行改善，例如蚯蚓的祖先，它们吞食土壤，消化后排出的粪便供给植物更容易吸收的养分。

强壮的卷心菜不怕虫，虫悻悻然爬走。

它们挖掘并搅动土层，使土壤变得疏松，空气、水和养分更容易被植物根部吸收。

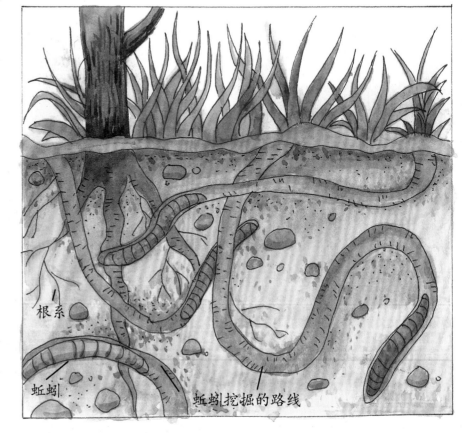

根系

蚯蚓

蚯蚓挖掘的路线

蚯蚓吃泥土

原来土壤是这样形成的。

是的。苔藓植物参与制造了地球上最初的土壤，很了不起。

可是苔藓植物直到今天都很矮小，这不是跟几亿年前一样吗？

苔藓植物确实一直很矮小，但它们存活至今也有了许多变化。

较早的陆生植物

　　陆地上较早的植物主要是裸蕨类植物和苔藓类植物。裸蕨类植物既无根又无叶，仅是一个"茎状物"。后来它们适应陆地生活，地上部分向空中发展，进行光合作用；地下茎逐渐生出了细小叉状旁枝，称为"假根"。在裸蕨类植物"上陆"前后，苔藓植物也出现了。这里所说的苔藓植物，其实是苔类、藓类和角苔类的合称。科学家们曾经以为它们出现的先后次序是：苔类→藓类→角苔类。

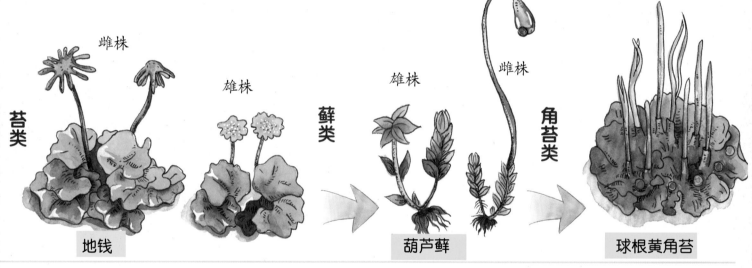

苔类　　雌株　　雄株　地钱

藓类　雄株　　雌株　葫芦藓

角苔类　球根黄角苔

　　地球上生活着约 23000 种苔藓植物，森林是苔藓的乐园，大面积的潮湿的地面、岩石和树干是它们的栖息地；像极地世界这样的植物无法生长的地带，它们一样能生存。虽然大部分的苔藓植物喜欢潮湿，但也有少部分耐得住干旱，能在缺水的情况下长时间休眠，直到再次获得足够生长的水分。

我们本来以为是这样，但……

在热带或亚热带山地，山脉的中上层会有常常笼罩着云雾的森林。高大的树木用树冠将云雾中的水汽拦下，雾气凝结成水滴回落到地面。土壤含有大量水分，光照较弱，正是苔藓植物喜欢的环境，它们强势地占据了所有可以占据的地方，从地面一直延伸到树上。

极地世界 高山苔原

地球的两极地区，常年寒冷，地下的土石层多年冻结。这里生活着以苔藓植物和地衣为主的先锋生物。高山苔原区域常常大面积地生长着苔藓和地衣，较湿润的地方还生长着许多矮小的种子类植物。

泥炭藓沼泽

泥炭藓是一种古老的藓类，大量生长在寒冷贫瘠的沼泽中。泥炭藓枯萎后化为淤泥，经过几千年地质变化形成了泥炭。泥炭是松散的褐色物质，容易燃烧。由于泥炭具有超强的吸附杂质的能力，泥炭藓沼泽能净化水质，保护和滋养着湿地中的各种生物。

泥炭藓没有假根，茎直立生长，像绽放的花朵。

人们用泥炭做燃料已经近千年，如今它主要被用来制作肥料。

中位泥炭藓

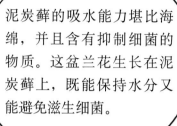
泥炭藓的吸水能力堪比海绵，并且含有抑制细菌的物质。这盆兰花生长在泥炭藓上，既能保持水分又能避免滋生细菌。

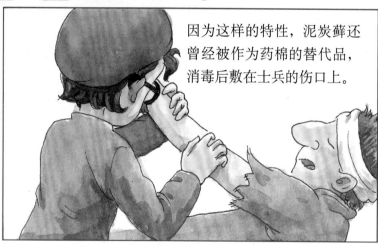
因为这样的特性，泥炭藓还曾经被作为药棉的替代品，消毒后敷在士兵的伤口上。

野外探险的时候，可以用干燥的泥炭藓来保暖。

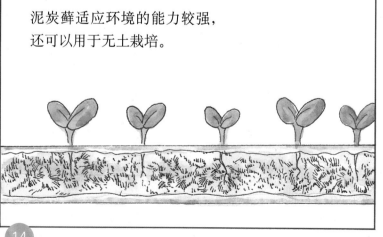
泥炭藓适应环境的能力较强，还可以用于无土栽培。

也有人在研究怎么利用泥炭藓净化游泳池。

超乎想象的 多彩苔藓

苔藓往往生长在植被最下层不起眼儿的地方，很少被人注意。

角叶藻苔是一种奇特的植物，是通过有性繁殖的苔藓类，主要生长在高山湿润林地或是土岩面上。

角叶藻苔

黑藓

黑藓是一种古老的藓类，生长在寒冷地区高海拔的岩石上。其突出的外表特征是孢子囊有4条裂隙，但顶头像灯笼。

烟杆藓最与众不同的是它在藓类中非常显眼的孢子体。孢子形态非常独特，令人过目不忘。

金发藓

金发藓最显著的特点是高大，可以长到数十厘米高。金发藓的藓帽上有毛状结构，因此而得名。

美姿藓

美姿藓也是一种较高大的苔藓，乍看跟金发藓有点儿像。但由于它孢蒴有环带，蒴齿有两列，因此也是容易分辨出来的。

曲尾藓大多为片状丛生，叶片螺旋状着生，如同镰刀形弯曲，多见于针叶林、阔叶林中潮湿地面，有时生于树干基部。

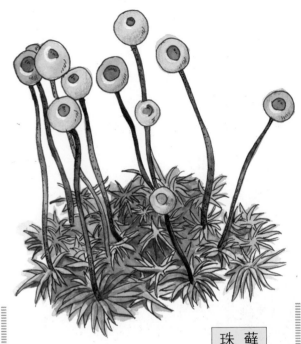

珠 藓

珠藓大多生长在沼泽地，它的假根交织成密绒毛状，枝干直立，头部呈圆棱角形，叶片很密集。

干苔藓

如果你生活的地方污染比较严重，恐怕就很难见到苔藓植物了。原因是许多苔藓植物的叶很容易被二氧化硫等有毒气体侵入，威胁它们的生存。人们利用苔藓植物的这个特点，把它们当作监测空气污染程度的指示植物。

把苔藓制作成藓袋悬挂一段时间。然后通过分析苔藓中吸附的污染物含量，监测空气污染程度。

树木出现之前，原杉藻是地球上最大的陆地生物。这种高可达8米的奇怪"柱子"其实是一种真菌。

泥盆纪陆地植物

泥盆纪时期，陆地上几乎荒芜一片，仅靠近水源有一些绿色，这绿色就是来自大片生长的苔藓植物。

19

维管植物诞生

植物要进行的光合作用离不开阳光，在抢夺阳光的竞争中，植物身体中的一些细胞开始聚集成束，伸长成一根根纵向的管子，支撑植物向上生长，同时也负责将根部吸收的水分和养料输送到植物的全身各处。这些可以支撑植物身体的管子叫作维管，身体里具有维管组织的植物被称为维管植物。

志留纪时期维管植物的诞生是地球生命史中的重要事件，古老的维管植物类群如莱尼蕨、工蕨、库克逊蕨等，以及现代类群如石松类、楔叶类、真蕨类及种子植物的先驱分子开始出现。

库克逊蕨

可能是最古老的陆生维管植物，出现在志留纪晚期。从横生的匍匐枝上长出纤细的直立枝和非常短的根须。虽然比同时代的苔藓植物高那么一点儿，但它地面上的部分仅有几厘米高，没有叶片。二叉分枝，每一个叉枝顶端都有一个形状像喇叭的孢子囊。

工 蕨

出现在泥盆纪早期，大多生长在沼泽地带，它们总是一簇一簇的，身段很纤细，露出水面的是上部，而下部分枝大多是工字形或K字形。

莱尼蕨

同样出现在泥盆纪早期，从匍匐枝上长出直立枝，高度达到18-50厘米。和库克逊蕨一样，它没有叶片，光合作用在茎部进行。

肾蕨

肾蕨最大的特点是长有一对肾形孢子囊，对称生长于侧枝的顶端。

原蕨没有叶子和真正的根，外观看上去很特别，无法让我们联想到现代常见的蕨类植物。

为什么一定要比苔藓长得更高呢？

都是为了阳光呀。

蕨类植物利用自身的维管越长越高，能更好地争夺阳光。虽然它们体内拥有了维管组织，但仍没有真正的根与叶子。在约 3 亿年前的泥盆纪时期，它们经历了约 3000 万年向陆地扩展的时间，并朝着逐渐适应陆地环境的方向发展变化着。

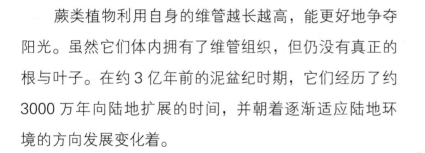

当原本的不毛之地被越来越多的植被覆盖时，对阳光的争夺战迫使植物改良身体结构，茎专注于支撑功能，变得越来越粗壮强韧；气孔和叶绿体转移到茎顶端的小枝上，为了增大受光面积，这些小枝变得扁平宽大，于是植物最早的叶片诞生了。

有本事你们也长这么高呀。

你们把阳光挡住了！

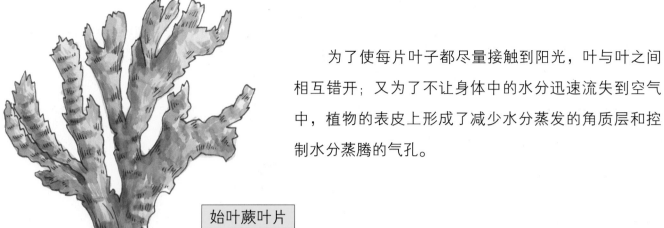

为了使每片叶子都尽量接触到阳光，叶与叶之间相互错开；又为了不让身体中的水分迅速流失到空气中，植物的表皮上形成了减少水分蒸发的角质层和控制水分蒸腾的气孔。

始叶蕨叶片

泥盆纪早期的植物始叶蕨具有最古老的大型叶片。

为了获得光照，各种植物的叶子都不会重叠生长。

互生　　　　对生　　　　轮生　　　　螺旋排列

为了固定身体，也为了吸取地下水分，植物的地下部分往泥土中越扎越深，并朝四周扩展，演化为根。根、茎、叶分工合作，形成了我们目前熟悉的植物形态。

叶

茎

根

此时，大量植物已经具备了朝内陆前进的能力，在 4 亿 500 万年前的泥盆纪时期，植物为生存繁衍努力适应各种恶劣环境。经过长达几千万年的时间，海洋生物向陆地大规模进军。

植物的种类变化相当迅速，我们看一看泥盆纪早、中、晚期的自然面貌就能一目了然。

三枝蕨

原始的石松

莱尼蕨

工蕨

1. 泥盆纪早期，大地上稀稀落落地长着莱尼蕨、三枝蕨、工蕨等无叶的蕨，它们被统称为裸蕨。

2. 泥盆纪中期，裸蕨之外的另一种植物——石松演化出了树木的形态，瓦蒂萨树占据了森林的最高层，依靠种子进行繁殖的植物——种子蕨也出现了。

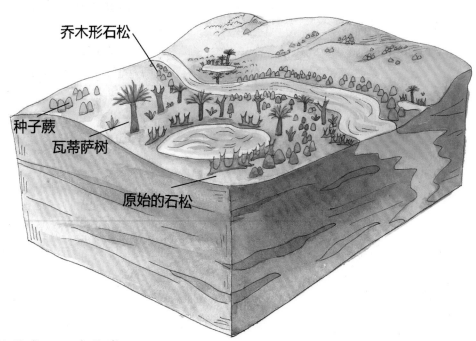

乔木形石松

种子蕨

瓦蒂萨树

原始的石松

3. 泥盆纪晚期，一种新的蕨类——真蕨类的原始种类出现了。依靠种子进行繁殖的植物增多，地球上有了树形的石松类，且越来越多，木贼的近亲把藤蔓绕在这些大高个儿身上，向上攀缘。

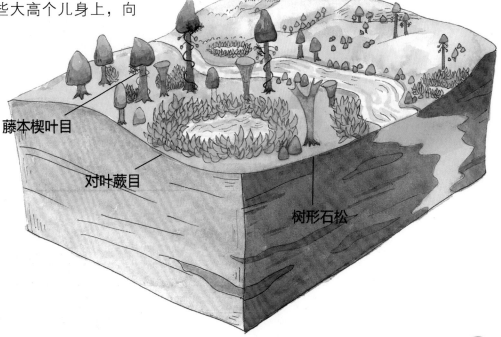

藤本楔叶目

对叶蕨目

树形石松

瓦蒂萨树

提塔利克鱼

泥盆纪晚期的地球已是蕨类植物的天下，主要是早期的石松类和楔叶类，其中夹杂着更加年轻的真蕨植物。它们的形态十分多样，密集地生长在河湖沼泽和平原地区，形成地球上最早的森林。节肢动物，如蜘蛛、蜈蚣等品种更加繁多。有颌鱼类成为淡水中的顶级捕食者。

古羊齿

27

陨石带来的大灾祸

在泥盆纪快结束的时候，灾难接踵而至。曾发生过这样的事情：开始是几颗巨大陨石撞击地球，地壳破裂，火山喷发，火山灰遮挡了阳光，使得大气和海洋的温度急速下降。寒冬降临，海洋中的生物开始灭亡。

陆地上的大部分动植物非常幸运地躲过了这次危机，等到火山灰散去，它们就恢复了，并开足马力吸收阳光和二氧化碳，结果又使得大气中更缺乏温暖气体，寒冬不断延长，大约70%的物种在这双重灾难中灭绝。

直到约3亿5000万年前的石炭纪，地球才逐渐恢复元气。在温暖潮湿的地区，石松类、楔叶植物和真蕨类植物又长成了茂密的森林，出现了很多高大的新品种。

石炭纪的植物

石炭纪森林的顶端是石松植物中的鳞木，能够长到 30 米以上。这些参天巨树数量众多，让沼泽地带变得前所未有的壮观。在鳞木生命中最早的几年，它们没有树枝，叶子呈螺旋状生长在树干上。叶子脱落之后，原来的位置会留下菱形的印痕，就像鱼鳞。

成年的鳞木树枝上面悬吊着孢子球果。当风吹动树枝上的球果时，释放出孢子，超高个子的另外一种优势就显现了出来——鳞木的孢子可以比低矮植物的孢子飘散得更远、更广。

鳞孢穗
（孢子球果）

孢子

孢子是一种繁殖细胞，藻类、苔藓类和蕨类都依靠孢子进行繁殖。

鳞木有好几种，它们有相同的生长方式。

真蕨植物是我们最熟悉的一类蕨类植物，它们的嫩叶像螺壳一样卷曲。现代的真蕨几乎都是矮小的品种，但在石炭纪开始后的约 2 亿年时间里，真蕨有相当大一部分是木本植物，称为树蕨，树高可以超过 10 米，曾经遍布世界各地。

芦木的根状茎有时候会长出地表。

最常见的节蕨植物是各种木贼，有些种类和现在的木贼没什么两样，有些也能长得很高大，比如芦木。

种子蕨最早出现在泥盆纪。种子蕨植物大多数是灌木和爬藤，另有一些乍看起来和周围的蕨类植物没有多大区别。但当我们走近些观察，会发现它的叶子上悬吊的不是孢子囊，而是种子。

在石炭纪森林中还夹杂着一些不用孢子进行繁殖的植物。

科达树

科达树是利用种子来繁殖的植物，它被认为是银杏和松柏的祖先，高度可达50米。

31

石炭纪时代的地球上覆盖着史上最为茂密的泥沼森林。潮湿的空气中飞舞着各种昆虫，落叶和植物的枝干上爬着蜘蛛、蝎子和蟑螂。这里还有一些由鱼类演化而来，用四足爬行的新住户。

藤本蕨类

巨脉蜻蜓

节胸蜈蚣

始祖单弓兽

肺蝎

土壤

植被

岩层

鳕鳞鱼

沉水的树干

地层中的煤

在石炭纪，高大的植物根系尚浅，它们经常被狂风刮倒，或者被海浪掀翻，大量死亡的植物体堆积在沼泽中，变成棕色的泥炭，又随着时间被一层又一层泥沙掩埋，变成煤炭，这也正是石炭纪名称的由来。

树化石

引螈

腔棘鱼

希氏根齿鱼

真掌鳍鱼

煤炭燃烧时释放出的能量，正是几亿年前通过光合作用储存的太阳能。

煤

银杏

苏铁

合弓纲动物

现代蕨类植物

约 2.99 亿年前，进入二叠纪时期的地球气候逐渐变得干旱，喜欢湿热环境的植物逐一衰败，鳞木则不幸灭绝。耐旱的松柏、银杏和苏铁崛起，蕨类植物的全盛时代就此结束。在之后的地球历史中，仍有部分古老的蕨类生存，相对于石炭纪，现代蕨类分布范围小，体型也矮小许多。

石松

现代石松高度可达 40 厘米，大量的分枝从地下茎向上生长，又细又长的茎蔓在地面匍匐蔓延。

卷柏

卷柏匍匐在地面生长。遇到干旱，它的根能自行从土壤分离，整株蜷缩起来随风滚动，直到重新遇到水源，就可以再次复苏舒展。

木贼

现代的木贼高不过 1 米，像一根光秃秃的细竹竿，节和根上长有黄棕色的毛，很容易折断。

问荆

问荆是另一种常见的木贼，外形和它的祖先十分相似，但高度只能达到 35 厘米左右。

松叶蕨

松叶蕨在 3 亿多年前的泥盆纪已经出现。在中国的蕨类植物中，松叶蕨最为珍贵、稀少。

桫椤

桫椤是现存唯一的木本蕨类植物，高达 6 米以上。恐龙横行的时代，它在地球上广泛分布，所以今天已经成为珍贵的活化石了。

水韭是一类稀有的蕨类植物，形似普通韭菜，但它们已经在地球上生活了 3 亿年。

中华水韭

蕨

比较常见的蕨类植物，能长到1米高。在春天，人们会采下它的嫩叶食用，称为蕨菜。

铁线蕨

铁线蕨是经常出现在客厅中的小型蕨类。它虽然模样纤细秀丽，适应性却很强。

萍

这里还有一些生活在水面上的蕨类。

槐叶萍

鸟巢蕨

　　有一些蕨类十分喜欢附生在树干和岩壁上。这是鸟巢蕨，树木落下的叶子常堆积在它的脚下，形状像个鸟巢，因此而得名。

鹿角蕨

　　鹿角蕨是热带和亚热带雨林中特产的奇特蕨类，巨大的叶子下垂，姿态优美。

满江红

你可能不知道的真相

Q1 苔藓是从绿藻演化而来的吗?

关于苔藓植物的来源问题,科学界尚无一致的意见。有人认为苔藓起源于绿藻,因为二者含有相同的光合作用色素,精子均具有两条等长的顶生鞭毛,孢子萌发时所形成的原丝体也很类似。但也有人认为苔藓是蕨类退化形成的植物。真相如何,还有待科学界进一步研究论证。

Q2 苔藓在冬天时会被冻死吗?

有些苔藓不怕冷,冬天在低温环境下也不会被冻死,而是会进入休眠状态。

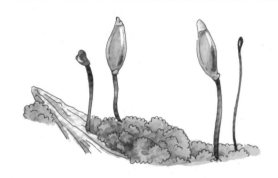

Q3 地衣是苔藓吗?

在 1876 年以前,人们都认为地衣是苔藓的一种。但一位叫施文德的德国科学家用显微镜观察地衣时,发现它有两层结构:里层为藻类,外层为真菌。这里的藻类和真菌是共生关系,地衣可以说是一种生物复合体。

Q4 苔藓和蕨类怎样繁殖后代？

苔藓和蕨类有两种繁衍方式：有性繁殖和无性繁殖。蕨类植物在温度适宜、湿度较高的环境中会喷射出孢子，孢子落在土壤中，就会逐渐发芽生根，长成新的蕨类——这种繁殖属于有性繁殖，比较常见。另外，蕨类还可以通过珠芽、扦插繁殖，这些属于无性繁殖。

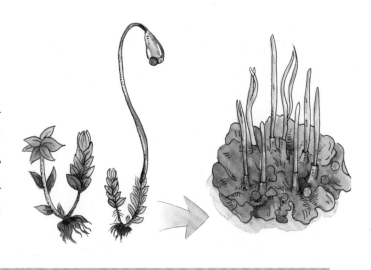

Q5 蕨类叶片背后的小圆球是什么？

在蕨类的繁殖季节，如果我们翻开蕨类植物的叶片，就会看到一颗颗圆球排列在一起。其实这些就是蕨类的孢子囊，里面储存着孢子。孢子完全成熟后，孢子囊就会自己裂开，让孢子随风飘散，繁殖后代。

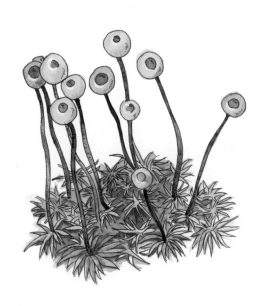

Q6 桫椤是树还是草？

桫椤是一种珍贵的木本蕨类植物，俗称树蕨，属于树。它能长到十几米高。除了桫椤外，大部分蕨类都比较矮小，所以会给人"草"的印象。

图书在版编目（CIP）数据

古老的苔藓与蕨类/匡廷云, 郭红卫编；吕忠平,
谢清霞绘. -- 长春：吉林出版集团股份有限公司,
2023.11（2024.6重印）
（植物进化史）
ISBN 978-7-5731-4501-7

Ⅰ.①古… Ⅱ.①匡… ②郭… ③吕… ④谢… Ⅲ.
①苔藓植物—儿童读物 ②蕨类植物—儿童读物 Ⅳ.
① Q949.35-49

中国国家版本馆CIP数据核字(2023) 第218119号

植物进化史

GULAO DE TAIXIAN YU JUELEI

古老的苔藓与蕨类

编　　者：匡廷云　郭红卫
绘　　者：吕忠平　谢清霞
出 品 人：于　强
出版策划：崔文辉
责任编辑：王　妍
出　　版：吉林出版集团股份有限公司（www.jlpg.cn）
　　　　　（长春市福祉大路5788号，邮政编码：130118）
发　　行：吉林出版集团译文图书经营有限公司
　　　　　（http://shop34896900.taobao.com）
电　　话：总编办 0431-81629909　营销部 0431-81629880 / 81629900
印　　刷：三河市嵩川印刷有限公司
开　　本：889mm×1194mm　1/12
印　　张：8
字　　数：100千字
版　　次：2023年11月第1版
印　　次：2024年6月第2次印刷
书　　号：ISBN 978-7-5731-4501-7
定　　价：49.80元
印装错误请与承印厂联系　　电话：13932608211